Cute pets komplett

...sing the songs

Autoren / Cover / Bilder

Dirk l. & Tanja m. feiler

Endlich wieder zu 10.

Sammy, das Nilpferd, dass sich um sozial engagiert und deshalb nicht mehr in der Cute Pets WG wohnt, ist sonst nur einmal woechentlich via Chat zu erreichen. Doch an diesem

Wochenende kommt Sammy zu Besuch.

Kuchen essen

Angelina, Angela und Michelle backen den Kuchen. Sammy freut sich, endlich seine Musikerfreunde wieder in die Arme schliessen zu koennen, anstatt nur im sozialen Netzwerk zu chatten. Er erzaehlt von seiner Arbeit, wie er den Kids Mut macht, die ohne Eltern sind, oder deren Eltern nicht in der Lage sind, sich um die Kleinen zu kuemmern. Er zeigt viele Bilder – da ist Kitty natuerlich begeistert.

...singing the Songs of Cute Pets